U0324765

创新家装

设计图典 第4季

创新家装设计图典第4季编写组 编

客　厅

机械工业出版社
CHINA MACHINE PRESS

全新升级的《创新家装设计图典第4季》将继续为读者提供新的设计案例，针对居室各空间提供了直观的设计图例，并搭配经典案例的设计讲解。这些图例不仅能使读者感受到现代设计师的空间美学与巧思，窥视室内设计的动向与潮流，而且通过对一个个真实案例的参考与借鉴，帮助读者在家装设计领域打造出更宜居与令人满意的幸福空间。

本系列图书包括背景墙、客厅、餐厅、玄关走廊、卧室书房五类，涵盖室内主要空间分区。每个分册结合空间类型穿插软装搭配、材料运用、设计技巧等实用贴士。

图书在版编目（CIP）数据

创新家装设计图典. 第4季. 客厅／创新家装设计
图典第4季编写组编. — 4版. — 北京：机械工业出版
社, 2018.5（2018.11重印）
ISBN 978-7-111-59630-1

Ⅰ. ①创… Ⅱ. ①创… Ⅲ. ①客厅—室内装修—建筑
设计—图集 Ⅳ. ①TU767-64

中国版本图书馆CIP数据核字(2018)第065486号

机械工业出版社（北京市百万庄大街22号 邮政编码 100037）
策划编辑：宋晓磊　　　　责任编辑：宋晓磊
责任印制：孙　炜　　　　责任校对：刘时光
保定市中画美凯印刷有限公司印刷

2018年11月第4版第2次印刷
210mm×285mm·6印张·190千字
标准书号：ISBN 978-7-111-59630-1
定价：29.80元

凡购本书，如有缺页、倒页、脱页，由本社发行部调换
电话服务　　　　　　　网络服务
服务咨询热线:010-88361066　　机工官网:www.cmpbook.com
读者购书热线:010-68326294　　机工官博:weibo.com/cmp1952
　　　　　　　010-88379203　　金书网:www.golden-book.com
封面无防伪标均为盗版　　教育服务网:www.cmpedu.com

目录 / Contents

目录 / Contents

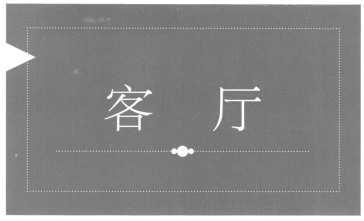

客 厅

有色乳胶漆

硅藻泥壁纸

六角亚光地砖

胡桃木窗棂造型

水曲柳饰面板

设计详解: 墙面采用对称木质窗棂作为装饰,极富中式韵味,展现出中式风格的柔情与硬朗;沙发背景墙与电视背景墙在色调上相似,增强了空间的关联性。

红橡木复合地板

仿古砖拼花

····· 浅啡网纹大理石

设计详解：米色大理石的边框选用浅啡网纹大理石来进行修饰，再搭配白色木饰面板，让电视背景墙的设计造型更加丰富；同色调的沙发与沙发背景墙在装饰画与抱枕的点缀下更有层次感。

设计详解：电视背景墙设计成壁炉造型，再搭配棕色胡桃木饰面板，使墙面的造型和色彩都十分有层次感；沙发、地毯的颜色与电视背景墙相协调，增强了整个空间的整体感，让整个会客空间更加舒适。

····· 胡桃木饰面板

白枫木装饰线 ·····························

设计详解: 直线构成的造型干净、利落,材质、色彩的运用清爽、舒适;深色电视柜、小茶几及地毯的运用,与浅色调墙面形成鲜明的对比,再通过灯光的衬托,增强了整个客厅的舒适感。

布艺硬包

混纺地毯

装修课堂

客厅的色彩设计原则是什么

　　由于各种户型客厅的朝向不同,在装饰设计时需要考虑整个客厅的朝向,在色彩上予以平衡,以使客厅拥有更优美的环境。例如,南向的客厅光照充足,采用白色、淡蓝色等冷色调,可以减弱燥热的感觉,给客厅带来清凉感。北向的客厅宜以红色系等暖色作为主色调,因为北向的客厅采光条件不好,暖色系可以缓解阴冷的感觉。东向的客厅采用黄色系为主色调比较好,因为东向的客厅上午阳光光照充足,而在下午,光照则不太充足,黄色可以给人带来温暖的感觉。西向的客厅常采用绿色为主色调,因为西照的关系,西向客厅酷热且光线刺眼,清淡的绿色能缓解强光带来的不适。

仿古砖

白色陶质板岩砖

米色玻化砖

茶镜装饰线

柚木格栅

布艺软包

设计详解： 客厅背景墙的木质格栅与顶棚装饰线相呼应，强调了空间的整体感；米色大理石、软包、中式沙发、实木家具等元素，营造出既有现代感又不失中式韵味的客厅空间。

黑胡桃木窗棂造型贴茶镜

设计详解：电视背景墙运用灰白云纹大理石作为装饰，纹理清晰，层次分明，与木质窗棂一起营造了古朴、雅致的中式氛围；在古朴色彩浓郁的布艺饰品及工艺品的点缀下，让整个空间的中式风韵更加柔和。

装饰银镜

淡网纹人造大理石

设计详解：淡网纹大理石在灯光的衬托下，色泽温润，纹理清晰，与软包的色调保持一致，让整个客厅空间舒适又有整体感；银镜的加入，则增强了空间的虚实对比，营造出一个干净、明亮的会客空间。

银镜装饰线

白色陶质板岩砖

彩色釉面墙砖

红砖

仿布纹壁纸

设计详解: 以浅色调为背景色的客厅空间内,深色软包及装饰线的加入,不仅提升了整个空间的色彩层次,同时也丰富了空间的设计造型;各色布艺软包及工艺品的融入,则有效地缓解了空间的单调感。

印花壁纸

设计详解: 错层造型的石膏板吊顶,通过灯光的运用,为整个空间带来了安逸的感觉;仿古砖、拱门造型背景墙、实木家具以及布艺沙发这些元素营造出一个精致朴实的美式风格空间。

仿古砖拼花

花式石膏装饰线

实木雕花

硅藻泥壁纸

设计详解：将圆形实木雕花嵌入花白大理石，造型别致，是整个客厅装饰的亮点；同色调的沙发与背景墙在彩色布艺软装的点缀下更加温馨、舒适。

强化复合木地板

红樱桃木装饰线

装修课堂

客厅吊顶的设计技巧有哪些

　　通常来讲一般家庭的客厅层高较低，可在四周做环形吊顶，中间镂空部分可以做成方形或者圆形的造型，也可以设计成其他形状。在吊顶的四周装上嵌入式筒灯，在造型的内壁暗藏灯光，再在吊顶中央安装吸顶灯，这是比较不容易出错的设计。与餐厅、玄关相通的客厅可采用半边吊顶的形式，可以起到有效区分客厅和其他区域的作用。

泰柚木饰面板

有色乳胶漆

印花壁纸

装饰茶镜

车边银镜

淡网纹亚光地砖

手绘图案 ·········

设计详解： 客厅统一用黑胡桃木作为装饰材料，如吊顶装饰线、护墙板、家具等，使得客厅色调统一，更有整体感；沙发背景墙的手绘图案为客厅注入淡雅的书香气息，表现出中式风格精致的生活态度。

印花壁纸 ·········

设计详解： 带有古典图案的印花壁纸选用白色木质装饰线进行边框修饰，使电视背景墙的设计更有层次；抱枕、花草、躺椅等的颜色与其相呼应，既提升了空间配色的层次感，又给客厅空间带来一定的整体感。

中花白大理石

白色波浪板

中花白大理石

洗白木纹地砖

仿木纹壁纸

设计详解：墙面修饰边框的材质、颜色与实木家具相同，体现了中式风格设计的整体感；大面积的仿木纹壁纸在灯光的衬托下，纹理更清新，十分有效地缓解了深色调家具带来的沉闷感，营造出一个舒适自然的客厅空间。

肌理壁纸

设计详解：肌理壁纸与白枫木饰面板的搭配，让沙发背景墙的造型、色彩都十分丰富；电视背景墙采用类似的设计手法，让整个客厅更有整体感；浅色沙发与深色木质家具的运用，完美展现出欧式风格的精致与舒适。

白枫木窗棂造型贴银镜 ......

设计详解： 大面积的云纹大理石，纹理层次分明，让整个电视背景墙的视觉效果更佳；两侧对称的白色木质窗棂，以及彩色陶瓷工艺品，增强了空间的中式韵味。

洗白木纹墙砖

有色乳胶漆

石膏装饰浮雕

条纹壁纸

白色抛光地砖

有色乳胶漆

云纹大理石

艺术地毯

天然板岩砖

肌理壁纸

肌理壁纸 ·············

密度板拓缝 ·············

设计详解： 肌理壁纸与沙发的色调相同，通过灯光的运用，让空间更有整体感，更加舒适；木纹墙砖与深色密度板组成的电视背景墙则为整个客厅增添了雅致的美感。

胡桃木装饰横梁

云纹大理石

装修课堂

客厅吊顶的色彩搭配原则是什么

　　客厅吊顶的设计应遵循一定的原则：色彩、材质、明暗，要上轻下重，避免吊顶过低、阴角线过宽、色彩过重；反光材料不宜过多；材料种类不宜过多；造型不宜烦琐、图案不宜细碎，力求简洁生动、重点突出、主次分明、协调统一。

肌理壁纸

设计详解： 地面与家具都选用深色调进行装饰，展现出传统中式风格的典雅与沉稳；白色错层石膏吊顶与灯带的完美融合，很好地缓解了深色元素带来的沉闷感；米色肌理壁纸相隔其中，让顶面与地面的过渡更加自然，也让整个空间显得更加舒适。

设计详解： 吊顶的椭圆造型搭配暖光灯带，很巧妙地缓解了大面积白色带来的单调感，使整个客厅的顶面造型更有创意；暖木色的地板与家具，让整个空间更舒适、更有归属感，少许点缀的彩色元素则让整个空间更加活跃、更有朝气。

实木地板

深啡网纹大理石波打线

米色网纹亚光地砖

布艺软包

混纺地毯

皮纹砖

硅藻泥壁纸

定制艺术墙砖

设计详解：深色木质家具在米黄色玻化砖的衬托下更加凸显出古典家具的沉稳感；艺术墙砖的图案透露出整个空间的书香气息。

米黄色玻化砖

硅藻泥壁纸

有色乳胶漆

白枫木窗棂造型

灰色陶质板岩砖

装饰灰镜

灰色板岩砖　　　　白色抛光地砖

硅藻泥壁纸

设计详解：欧式装修风格大方别致，大面积的地毯温馨雅致，墙面大理石高雅华贵，凹凸有致的装饰线条使空间更有层次感，凸显了空间的精致。

中花白大理石

设计详解：花白大理石纹理层次清晰自然，使得以米色调为背景色的客厅空间更加有层次感；线条简洁又不失古朴质感的实木家具增添了空间的中式风韵，很好地演绎出新中式风格的舒适与雅致。

肌理壁纸

设计详解： 以灰色、白色作为空间的背景色，使整个客厅空间简洁、明亮；同色调、同材质的护墙板与实木家具的运用增强了设计的整体感，与色彩明快的瓷器和布艺软装搭配，让整个空间的色彩层次得到了很好的提升，展现出新中式风格清新淡雅的一面。

硅藻泥壁纸

设计详解： 绿色硅藻泥壁纸在灯光的衬托下更有质感，更具装饰性；传统美式沙发与实木古典家具的运用，展现出美式田园生活的精致与浪漫。

洗白木纹地砖

红樱桃木饰面板

印花壁纸

设计详解：客厅沙发背景墙造型多变，材质丰富，车边茶镜以白色木质线条作为边框，增大了视觉空间，使客厅更加通透、明亮；米黄色硬包及卷草图案壁纸的加入增强了空间淡雅、柔和的气质。

黑色烤漆玻璃

胡桃木饰面板

装修课堂

如何合理设计客厅照明

　　客厅是会客和家人活动的主要场所，所以客厅灯饰的装饰性和照明要求都很高。客厅灯饰应有利于创造热烈的气氛，使客人有宾至如归之感，一般采用直接照明，灯具可选用吊灯、落地灯、嵌顶灯。客厅的主体灯饰应设置在茶几正上方附近，50~70cm处，以灯光不直接照射到人为宜。如果客厅有展示品，则还应该在展示品上方安装射灯，以突出展示品的地位。沙发旁一般还会设置壁灯或落地灯，这些灯饰可以保证阅读照明和夜间的临时照明。嵌顶灯为嵌入天花板的灯具，可作为基础照明，在迎送客人时最能显出其优势。在音乐欣赏区和休闲区可选用壁灯、射灯或地脚灯，使光与声音自然融和。

茶色烤漆玻璃

米色网纹大理石

设计详解：造型简洁的半圆形错层石膏板吊顶在灯带的衬托下，显得温馨、宁静；米色网纹大理石与茶色烤漆玻璃的装饰让电视背景墙展现出现代风格特有的简洁与通透。

米黄洞石

印花壁纸

米黄色玻化砖

装饰灰镜

条纹壁纸

印花壁纸

米色网纹大理石

设计详解：客厅电视背景墙造型别致，色彩柔和，个性又不失雅致，是整个客厅设计的最大亮点；家具的线条简洁古朴，与其他装饰融合在一起，营造出一个独具特色的混搭风格空间。

胡桃木窗棂造型

设计详解：电视背景墙与沙发背景墙都采用相同样式、材质颜色的硬包作为装饰，为整个客厅空间增添了整体感；电视背景墙两侧对称的木质窗棂造型为空间增添了中式风格特有的韵味；与颇具简欧风格的家具搭配在一起，形成了鲜明的中西混搭情调。

皮革硬包

实木地板

中花白大理石

设计详解： 电视背景墙采用两种色彩、纹理不同的大理石进行装饰搭配，丰富空间造型的同时，也让色彩更有层次；米白色卷草图案壁纸的加入，无论是从材料质感，还是颜色搭配上，都很好地缓解了大面积石材带来的冷视感。

车边银镜

设计详解： 整个客厅采用同色调的配色手法进行空间的色彩搭配，电视背景墙、沙发背景墙、地面以及家具都选用同一色调，再通过不同材质的搭配，来进行色彩层次的调节，让整个客厅空间显得十分舒适、和谐。

仿古砖拼花

印花壁纸

装饰银镜

泰柚木饰面板

布艺软包

中花白大理石

实木装饰线

手绘图案

设计详解： 万字格造型装饰线与传统手绘图案相结合，奠定了客厅的中式基调；古典实木家具与布艺沙发的搭配，营造出一个既有现代感又不失中式韵味的居室空间。

白枫木装饰线

彩色釉面墙砖

仿木纹壁纸

白枫木饰面板

红樱桃木窗棂造型屏风 ·····

中花白大理石 ·····

设计详解：红色实木窗棂屏风、回字纹、古典家具等装饰元素展现出中式风格特有的高贵气质；花白大理石的装饰，让整个客厅显得更加通透明亮。

强化复合木地板

混纺地毯

装修课堂

客厅地面的设计原则是什么

随着生活水平的提高，人们对客厅地面的材料、色彩及质地的要求也越来越高，并希望地面色彩、质地和图案能够衬托起客厅所有的装饰。实际上，客厅地面材料的主要功能在于保证客厅的功能，并要环保整洁、防滑耐磨。地面材料可以选用人造石材、天然石材、实木地板、强化木地板或其他材料。选材时，质地、色彩固然重要，但环保性更为重要。有的客厅虽然不大，但同时还承载着书房或餐厅的功能，这时可以采取软隔断的方法，即在不同的功能空间中采用不同的地面材料或颜色，并与顶面相呼应，这样不但暗示了空间的分隔，还保证了空间的通透性。

文化砖

设计详解：不锈钢收边框光滑的表面与文化砖粗糙的纹理形成鲜明的对比，打造出别具一格的电视背景墙；米色调的乳胶漆、沙发和地砖搭配出一个造型简洁、配色舒适的现代风格会客空间。

白色乳胶漆

设计详解：小面积的客厅空间，以白色作为顶面、墙面的主要装饰色，沙发背景墙选用一组色彩丰富的装饰画作为装饰，与沙发及抱枕的颜色相呼应，使空间设计很有整体感；深纹理的地毯和地砖的加入则为浅色调空间增添了一定的稳重感。

米色亚光墙砖

白枫木装饰线

有色乳胶漆

车边银镜

艺术地毯

红砖

红樱桃木窗棂造型

印花壁纸

设计详解：米色卷草图案壁纸在灯光的衬托下为居室带来温馨的感觉；木色的地板及家具则为空间增添了一丝稳重感，布艺沙发与碎花地毯的融入，完美地展现出清新自然的田园风格特点。

实木地板

米色抛光墙砖

印花壁纸

黑色烤漆玻璃

泰柚木饰面板

黑色烤漆玻璃

条纹壁纸

爵士白大理石

设计详解：客厅顶面的装饰线、电视背景墙的木质窗棂、古朴的实木家具等元素的色调统一，使整个客厅空间的设计更有整体感；白色大理石为客厅增添了明亮感；黄色印花壁纸则彰显了古典中式的贵气。

水曲柳饰面板

装饰硬包

设计详解：电视背景墙的凹凸造型成为整个客厅空间的设计亮点；大量的同色调元素的应用突出了客厅配色的整体感；柔软舒适的布艺沙发与彩色抱枕很好地诠释出混搭风格客厅的舒适感。

印花壁纸

米色网纹大理石

设计详解： 客厅电视背景墙与沙发背景墙的设计造型丰富，色彩搭配舒适；古典韵味十足的家具运用其中，完美展现出欧式风格的精致、华丽与优雅。

胡桃木窗棂造型贴银镜

设计详解： 灰白纹理的大理石搭配米白色调的沙发、地毯、地砖，简洁舒适，完美地演绎出新中式风格的特点；木质窗棂的重复运用，一方面体现了空间的韵律感，另一方面增强了客厅设计的整体感。

白枫木饰面板

人造大理石

有色乳胶漆 ·············

设计详解： 客厅背景墙运用米色乳胶漆作为装饰；电视背景墙采用成品家具作为装饰，既实用又丰富了墙面的设计造型；柔软的皮革沙发与色彩艳丽的抱枕则保证了客厅空间的舒适度。

茶色烤漆玻璃

印花壁纸

装修课堂

如何进行客厅地面的色彩搭配

　　家庭的整体装修风格和理念是确定地面颜色的首要因素。深色调地板的感染力和表现力很强，个性特征鲜明；浅色调地板风格简约，清新典雅。还要注意地板与家具的搭配。地面颜色要很好地衬托家具的颜色，并以沉稳、柔和为主调。浅色家具可与各种颜色的地板任意组合，但深色家具与深色地板的搭配则要格外小心，以免产生"黑蒙蒙"压抑的感觉。另外，居室的采光条件也限制了地板颜色的选择范围，尤其是楼层较低，采光不充分的居室则要注意选择亮度较高、颜色适宜的地面材料，尽可能避免使用颜色较暗的材料。面积小的房间地面要选择暗色调的冷色，使人产生面积扩大的感觉。如果选用色彩明亮的暖色地板，就会使空间显得更加狭小，增加压抑感。

白枫木装饰线

黑镜装饰线

布艺硬包

实木装饰线密排

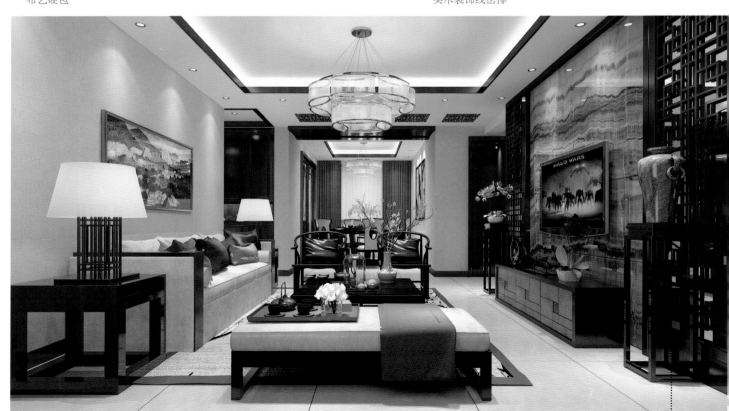

胡桃木窗棂造型贴银镜

中花白大理石 ……

设计详解：米白色洞石、布艺软包都选用花白大理石作为边框修饰，一方面丰富了墙面的设计造型，另一方面有效提升了空间的配色层次，使简欧风格的会客空间更加精致、舒适。

黑胡桃木饰面板 ……

设计详解：客厅内所用的木质元素都采用黑色胡桃木，完美地体现出空间设计的整体感；再搭配米色、白色的墙面与顶面，完美地诠释了新中式风格的配色韵味。

印花壁纸　　　　　　强化复合木地板

米色网纹玻化砖

装饰灰镜

有色乳胶漆

设计详解：云纹大理石搭配胡桃木边框构成的电视背景墙简洁、大方；沙发背景墙采用同样的木质边框与蓝色乳胶漆进行搭配，增强了空间之间的联系，造型简洁的浅色沙发则在色彩上令整个客厅更加舒适。

胡桃木饰面板

设计详解：沙发背景墙的木质窗棂造型在灯带的衬托下，增添了安逸的感觉；古典实木家具的色调与电视背景墙的护墙板相同，强调了中式装饰风格的整体感；浅色木纹地砖及大理石的运用，十分有效地调节了大量深色元素给空间带来的沉闷感。

设计详解： 中式传统纹样图案与仿古壁纸的搭配使电视背景墙成为整个客厅设计的亮点；与白色顶面、沙发背景墙相结合，令整个客厅的色彩搭配十分舒适；深色木质家具的加入则为空间增添了中式风格特有的沉稳感。

花白大理石

混纺地毯

有色乳胶漆

文化石

白枫木饰面板

白色陶质板岩砖

有色乳胶漆

泰柚木饰面板

有色乳胶漆

条纹壁纸

淡纹理人造大理石　　艺术地毯

设计详解：客厅在色彩搭配上运用同色调的配色手法，再通过材质的变化来进行色彩层次的调节，使整个客厅空间沉稳又不失雅致；浅色无缝地砖的运用则让整个客厅更加舒适，也更有整体感。

木纹无缝玻化砖

水曲柳饰面板

木饰面板混油

装修课堂

如何选择合适的客厅地砖规格

　　应依据居室面积大小来挑选地砖，一般如果客厅面积在30m²以下，考虑用600mm×600mm的规格；如果客厅面积在30~40m²，可以考虑选用600mm×600mm或800mm×800mm的规格；如果客厅面积在40m²以上，就可考虑用800mm×800mm的规格。如果客厅被家具遮挡的地方多，也应考虑用规格小一点的。就铺设效果而言，以地砖能全部整片铺贴为好，即贴到墙边尽量不裁砖或少裁砖，尽量减少浪费。一般而言，地砖规格越大，浪费就会越多。

胡桃木窗棂造型贴茶镜

设计详解： 电视背景墙运用整块山纹大理石作为装饰，在灯光的衬托下，纹理清晰，色泽温润；再搭配胡桃木窗棂与茶镜，奠定了整个客厅中式风格的基调；米色布艺沙发、彩色抱枕以及工艺品等元素的融入，妆点出一个精致又温馨的空间氛围。

柚木装饰线

印花壁纸

设计详解： 电视背景墙以蓝色、白色作为色彩基调，白色木质窗棂搭配蓝白相间的印花壁纸，营造出新中式风格清新、淡雅的格调；棕色的实木家具搭配造型简洁的布艺沙发，为整个客厅空间注入了一丝混搭的韵味。

硅藻泥壁纸

米色网纹大理石

车边银镜

设计详解：客厅以中式风格作为装饰主题，电视背景墙与沙发背景墙选用米黄色为基调，凸显出传统中式的华贵感；同色调的木质装饰线让整个空间的造型设计更有层次感；柔软的浅色调沙发及装饰布艺则为会客空间增添了舒适感。

条纹壁纸

有色乳胶漆

白色乳胶漆

混纺地毯

碳化木饰面板

绯红网纹大理石

米色网纹大理石

混纺地毯

胡桃木饰面板

印花壁纸

泰柚木饰面板

仿古砖拼花

爵士白大理石 ·······

设计详解：整个客厅以灰白两色作为背景色的基调，使整个客厅显得更加干净、明亮；木色家具的融入，既体现了空间色彩的层次感，又使整个客厅的搭配设计更加稳重、舒适。

直纹斑马木饰面板 ·······

设计详解：直纹木饰面板的运用让整个客厅既有延伸感又不乏层次感；沙发墙的古朴装饰图案使整个客厅的设计更显别致；洗白色洞石与浅色布艺沙发相呼应，使中式风格居室更显简洁、大方。

米白色网纹墙砖

设计详解： 电视背景墙以菱形拼贴的方式进行墙砖的铺装，造型简洁；再搭配同样为米色调的壁纸及家具，彰显出现代风格明亮、通透的特点；木色地板的加入则为空间增添了一丝稳重感，使小客厅显得更加温馨。

石膏装饰线

米白色大理石

设计详解： 米黄色玻化砖铺贴地面，搭配墙面的米白色大理石，使居室柔和温馨；造型精美、色彩华丽的家具则展现出欧式风格精致、奢华的美感。

艺术地毯

米黄洞石

直纹斑马木饰面板 ············

设计详解：直纹木饰面板装饰的电视背景墙在灯光的衬托下，色泽温软、纹理清晰，再与黑镜装饰线相搭配，使整个墙面的造型及层次更加丰富；深浅撞色的家具则使空间更加舒适，彰显了现代风格的客厅简洁、大气的特点。

条纹壁纸　　　　强化复合木地板

装修课堂

如何设计面积较小的客厅

　　对于面积较小的客厅，一定要做到简洁，如果置放几件橱柜，将会使小空间更加拥挤。如果在客厅中摆放电视机，可将固定的电视柜改成带轮子的低柜，以增加空间利用率，而且还具有较强的变化性。小客厅中可以使用装饰品或摆放花草等物品，但力求简单，起到点缀效果即可。尽量不要摆放铁树等大型盆栽。很多人希望能将小客厅打造出宽敞的视觉效果，对此，可在设计顶棚时不做吊顶，将玄关设计成通透的，以尽量减少空间占有率。

装饰银镜

胡桃木饰面板

硅藻泥壁纸

设计详解：电视背景墙的饰面板与地板、家具的颜色、材质相同，给配色浓郁、华丽的客厅空间带来了一定的整体感；白色吊顶及大面积装饰银镜的运用，使整个客厅空间更加舒适。

实木地板

印花壁纸

米色网纹大理石

装饰灰镜

胡桃木饰面板

米色人造大理石

黑胡桃木饰面板

胡桃木窗棂造型

设计详解：电视背景墙选用米色大理石与深色木质窗棂进行搭配装饰，配色协调，造型丰富；沙发背景墙运用米色乳胶漆搭配木饰面板，使整个会客空间显得更加雅致。

有色乳胶漆

白桦木饰面板

设计详解：拱门造型的电视背景墙凹凸有致，造型丰富；淡蓝色乳胶漆与白色木质饰面板的结合，营造出地中海风格清新、浪漫的自由情怀。

白色陶质板岩砖

印花壁纸

车边茶镜

设计详解： 吊顶选用车边茶镜作为白色错层石膏板的点缀装饰，让整个顶面的设计更加有层次感；白色石膏板与墙面的护墙板颜色相符，让客厅的设计更有整体感；卷草图案壁纸与米色网纹大理石的运用则彰显了简欧风格简洁、舒适的轻奢华感。

黑胡桃木窗棂造型

设计详解： 胡桃木窗棂镂空造型为电视背景墙的造型增添了立体感，奠定了空间设计的中式基调；实木家具与地板的颜色相同，为以浅色调为背景色的客厅增添了厚重感；沙发背景墙的水墨画与电视背景墙的手绘图案相呼应，彰显了中式风格浑厚的文化底蕴。

陶瓷锦砖

混纺地毯

艺术地毯

木纹大理石

木质搁板

黑胡桃木装饰线

布艺硬包

设计详解：黑色胡桃木格栅作为客厅与其他空间的间隔，通透又不失装饰感；电视背景墙选用带有传统图案的布艺作为硬包的饰面，凸显了中式风格的韵味；浅色布艺沙发与带有祥云图案的地毯给传统的中式风格增添了一丝现代感。

白色人造大理石

木质搁板

泰柚木饰面板

有色乳胶漆

肌理壁纸 ·········

设计详解： 壁纸、玻化砖、布艺沙发等元素选用同一色调，通过灯光的运用，以及材质的多样化，使造型简洁的小客厅更加有整体感；彩色布艺软装的加入则更进一步提升了空间色彩搭配的层次感。

米黄色网纹玻化砖 ·········

条纹壁纸

木质搁板

装修课堂

如何摆放中小客厅的装饰品

　　"少就是多"的设计理念经久不衰，因为唯有局部的"单调"才能对比出整体的精彩，使整体更加完整。尤其在小空间的墙面上，更要尽量留白。为了保障收纳空间，房间中已经有很多高柜，如果在空余的墙面再悬挂饰品或照片，就会在视觉上过于拥挤。如果觉得墙面因缺乏装饰而沉闷、无生机，可以按照房间内主色调中的一个色彩选择饰品或装饰画，在色调上不要太出格，不要因为更多色彩的加入而使空间更为杂乱。适当地降低饰品的摆放位置，让它们处于人体水平视线之下，既能丰富空间情调，又能减少视觉障碍。

爵士白大理石

设计详解：大理石的纹理在灯光的衬托下更加清晰，令整个空间简洁、明亮；棕色木质家具与彩色明艳的布艺元素相结合，营造出一个清新、淡雅的美式田园风格空间。

陶瓷锦砖

条纹壁纸

设计详解：黑白撞色的陶瓷锦砖点缀在暖色调的电视背景墙上，凸显了现代风格的配色特点；造型简单、配色干净的皮革家具营造出现代风格的整洁与大气；木纹地砖的运用则增加了整个空间的张力。

印花壁纸

红橡木复合地板

布艺软包

米色玻化砖

雕花银镜

木纹大理石

皮革软包

灰白色网纹玻化砖

胡桃木格栅

胡桃木装饰线

手绘图案

设计详解：白色错层石膏板吊顶在灯带的衬托下，演绎出现代中式风格的简洁与明亮；墙面的手绘图案与布艺抱枕相呼应，增强了客厅装饰设计的整体感；深色木质格栅与实木家具强调了中式风格的厚重感。

印花壁纸

细条纹壁纸

白色人造大理石

装饰银镜

印花壁纸

设计详解： 大面积的黄色印花壁纸与金属元素的运用让整个空间都流露出欧式风格的精致与华丽；白色木饰面板及装饰线的修饰则有效地丰富了整个客厅设计的造型，也让整个空间的配色更加舒适。

白松木扣板

印花壁纸

设计详解： 蓝色与白色是地中海风格最常用的经典配色手法，蓝白相间，令整个客厅空间显得雅致而清新；浅米色乳胶漆的加入，则增添了整个空间的亲切感。

米色大理石

印花壁纸

装饰茶镜

设计详解：将装饰茶镜嵌入大面积的灰色大理石中，为石材带来了难得的通透感，也丰富了电视背景墙的设计造型；浅灰色布艺沙发与地砖，既能调节空间的色彩层次，又与电视背景墙相呼应，体现出空间配色的韵律感。

仿布纹壁纸

白桦木饰面板

设计详解：电视背景墙采用浅色木饰面板，竖向排列，无形中拉伸了空间高度；壁纸、木色家具以及地板等元素为小客厅带来了淳朴的自然气息。

米色网纹玻化砖

洗白木纹砖

金属壁纸 ·············

米黄色网纹亚光墙砖 ·············

设计详解：客厅整体以金色、白色以及复古的棕红色为主，淡雅又不失高贵；顶棚错层石膏板及灯带的运用，使客厅增添了层叠的韵律美；金属壁纸的装饰则彰显了古典欧式风格的奢华品质。

米色网纹大理石

印花壁纸

装修课堂

如何设计大客厅

　　大客厅能够给人提供舒适、自如的活动空间，但有时也容易给人一种空旷的感觉，要想解决这一问题，最简单的办法是巧妙地使用各种小饰品，如在大客厅的一面墙壁上悬挂一组较小(不宜过大)的装饰画，不但容易取得较好的装饰效果，还会给人以饱满感。此外，在大客厅中使用色彩较艳丽、图案较抽象的地毯，也会收到很独特的装饰效果。在大客厅中适当摆放绿色植物，再使用可变化的光源，也会使客厅变得不再空荡。

白枫木装饰线

仿古砖拼花

条纹壁纸

艺术地毯

艺术地毯

银镜装饰线

混纺地毯

茶色镜面玻璃

雕花银镜·············

设计详解：卷草图案壁纸运用深色木质装饰线作为边框修饰，再搭配雕花银镜，令电视背景墙的造型更加丰富；沙发背景墙的浅色壁纸与白色装饰线的搭配使空间更加简洁大方，也在一定程度上提升了整个空间的色彩层次。

爵士白大理石·············

设计详解：白色大理石拼贴的电视背景墙在灯光的照射下更有层次感，与整个米色调的空间相搭配，营造出一个舒适、明亮的会客空间。

设计详解：白色为主调的空间并不乏味，不同质感、纹理构成细微的对比变化，带来一种和谐的美；地面的仿古砖搭配深色调的家具，赋予空间一定的沉稳感，展现了现代美式空间的简洁与舒适。

········· 混纺地毯

········· 仿古砖拼花

········· 有色乳胶漆

设计详解：浅绿色乳胶漆与深色木质隔板穿插应用，成为整个空间设计的最大亮点；白色的沙发背景墙运用两幅色彩明快的装饰画进行装饰，营造出现代风格客厅简洁、大方、明快的氛围。

仿古砖

茶镜装饰线

肌理壁纸

设计详解：将茶镜装饰线与壁纸搭配在一起，让整个客厅的墙面设计简洁又不失雅致；同色调的沙发与色彩淡雅的布艺装饰元素相搭配，使整个客厅在色彩搭配上更加和谐、自然。

米黄色网纹无缝玻化砖

白枫木装饰线

车边灰镜

中花白大理石

印花壁纸

雾面不锈钢条

混纺地毯

石膏装饰浮雕

仿古砖

胡桃木饰面板

印花壁纸

胡桃木饰面板 ·········

设计详解： 整个客厅空间选用浅色调作为背景色，再搭配色彩沉稳的家具，使整个空间的配色更和谐、更有层次感；顶面、墙面采用同一材料作为装饰，很好地体现了空间搭配的整体感。

印花壁纸

印花壁纸

装修课堂

如何选择客厅壁纸

　　如果客厅显得空旷或者格局较为单一，可以选择明亮的暖色调，搭配大花朵图案的壁纸铺满客厅墙面。暖色可以起到拉近空间距离的作用，而大花朵图案的整墙铺贴，可以营造出花团锦簇的视觉效果。对于面积较小的客厅，使用冷色调的壁纸会使空间看起来更大一些。此外，使用一些带有小碎花图案的亮色或者浅色的暖色调壁纸，也能达到这种效果。中间色系的壁纸加上点缀性的暖色调小碎花，通过图案的色彩对比，也会巧妙地吸引人们的视线，在不知不觉中从视觉上扩大原本狭小的空间。

黑胡桃木窗棂造型

设计详解：中式风格在设计上讲究整体感，将黑胡桃木运用于顶面装饰线、墙面边框以及电视背景墙的实木雕花上，体现了空间配色的层次感；浅色布艺沙发、抱枕、工艺品等元素的运用，为传统中式风格空间带来了一丝清新的气息。

设计详解：电视背景墙在浅棕色木饰面板的装饰下，流露出一丝淡雅的气息；深蓝色木质隔板的运用，加强了墙面设计的层次感，成为客厅设计的一大亮点；暖色实木地板与浅色沙发为客厅增添了暖意，彩色抱枕及工艺品则勾勒出一个别致的现代风格客厅。

实木地板

金属壁纸

装饰银镜

装饰银镜

白色亚光玻化砖

胡桃木饰面板

印花壁纸

有色乳胶漆

白色人造大理石

设计详解： 米黄色大理石与白色大理石作为电视背景墙的装饰，成为整个客厅设计的点睛之笔，再搭配造型简洁的家具与色彩明亮的布艺软装，营造出一个舒适、简洁的现代风格会客空间。

镜面锦砖

红松木板吊顶

装饰灰镜

有色乳胶漆

有色乳胶漆

木纹大理石

文化砖

混纺地毯

玻璃锦砖 ·····························●

设计详解： 沙发背景墙的印花壁纸与装饰银镜在灯光的衬托下营造出欧式风格的华贵气质；电视背景墙采用大块花白大理石作为装饰，与玻璃锦砖搭配，显得简洁、通透。

肌理壁纸 ·····························●

设计详解： 客厅统一将胡桃木应用于顶面与沙发背景墙，让整个空间的搭配更加有整体感；复古实木家具、布艺元素及工艺品的装扮，增强了整个空间的中式风格韵味。

硅藻泥壁纸

设计详解： 沙发背景墙为浅灰色大块密度板，与棕色沙发搭配，清雅别致；电视背景墙以硅藻泥壁纸为主要装饰，运用黑镜与木饰面板进行修饰，再通过灯光的衬托，显示出现代风格简洁、时尚的美感。

石膏板

设计详解： 电视背景墙白色石膏板的运用有效缓解了整个客厅沉稳的格调；与黑色调的家具及装饰线等元素形成鲜明的对比，展现出现代风格简洁、大气的特点。

米黄色网纹亚光墙砖

黄橡木复合地板

金属壁纸⋯⋯⋯⋯⋯

设计详解： 欧式风格空间内，运用白色和米色作为空间装饰的背景色，再搭配色彩淡雅的欧式古典家具，营造出一个清新又不失雅致的传统欧式风格客厅。

米色网纹玻化砖⋯⋯⋯

装饰灰镜

有色乳胶漆

装修课堂

背阴客厅的装饰技巧有哪些

　　背阴客厅的采光不好，利用一些合理的设计方法，能够让背阴的客厅变得光亮起来。首先是采用较亮的色彩，地面和墙面都应该采用较浅淡的颜色，天花板则最好用白色，以增加反光。选用白桦木、白枫木的家具，也能使空间看起来更明亮。暖色和原木色都能使客厅看起来亲切，能够缓解背阴客厅阴冷的感觉。其次是尽可能地使空间保持整洁清爽，沙发和电视柜的尺寸要适度，最好靠边摆放。这样活动空间增大了，视野开阔了，客厅也会显得明亮一些。

设计详解： 客厅整体的装饰造型简单舒适，配色简洁大方，仅通过地面仿古砖的拼花设计来体现设计的层次感；再与深色调木质家具相搭配，增强了空间的稳重感，营造出一个十分舒适的现代美式风格空间。

有色乳胶漆

仿古砖拼花

中花白大理石

白色乳胶漆

雪弗板雕花隔断

水曲柳饰面板

米色大理石

混纺地毯

几何图案壁纸

设计详解：几何图案壁纸让电视背景墙的装饰感更强，纹理和颜色与地毯相呼应，突出了空间设计的整体感；米色沙发与布艺软装的搭配则营造出一个简洁舒适的会客空间。

有色乳胶漆

设计详解：白色木饰面板的造型让电视背景墙的造型更加丰富；米色网纹大理石与地砖的颜色相呼应，增强了空间设计的整体感；深棕色饰面家具的加入则为浅色调空间增添了一定的沉稳感。

黑胡桃木饰面板

设计详解：电视背景墙两侧运用对称的黑胡桃木饰面板作为装饰，与米色肌理壁纸搭配在一起，再通过灯光的衬托，显得更富有层次，是整个客厅设计的亮点；与造型简洁大方又不失色彩层次的沙发背景墙相融合，营造出一个舒适又具有现代感的客厅空间。

泰柚木饰面板

木纹人造大理石

设计详解：电视背景墙运用深浅色调不同的泰柚木拼贴在一起，显示出一定的色彩层次感；同色调的电视柜、地砖、沙发等元素结合在一起，大大增强了空间设计的整体感。

洗白木纹墙砖

布艺软包

艺术地毯

爵士白大理石

米白洞石

胡桃木饰面板

布艺硬包

中花白大理石

中花白大理石

设计详解： 现代美式田园风格客厅中，电视背景墙运用花白大理石搭配白色木饰面板作为装饰，既不失设计的造型感，也让墙面色彩更有层次；浅棕色仿古砖搭配色彩明亮的小家具，既带来了清新、自然的气息，也凸显了美式田园风格向往自由的特点。

印花壁纸

仿古砖拼花

雕花茶镜

金属壁纸

有色乳胶漆 ·····

印花壁纸 ·····

设计详解: 电视背景墙运用错层石膏装饰线作为装饰,使墙面的造型更加突出,复古图案壁纸在色彩上更加有层次;碎花布艺沙发的加入使整个空间流露出田园风格的清新与自然。

白枫木饰面板

米白网纹人造大理石

装修课堂

如何为背阴客厅配置光源

　　通常,客厅的人工照明仅用于夜晚,但是对于背阴的客厅,尤其是对于没有大面积窗户或没有窗户的暗厅,人工照明就需要精心设计,以保证客厅的明亮、舒适,使客厅便于家庭聚会和待客。客厅的人工照明分为基础照明和局部照明。一般基础照明采用正中的吊灯或吸顶灯。基础照明可以采用接近日光的颜色,这样可以使客厅的观感更加自然。在背阴客厅中,用于基础照明的灯具最好是亮度可调的,再搭配合适的局部照明,就可以满足客厅的大部分功能要求。局部照明可以采用壁灯、地灯、落地灯和射灯结合的方式。局部照明不但可以满足阅读、交谈、夜间行走的需要,还能丰富客厅的层次,营造出多变的光影效果,使客厅更具美观性。

黑色烤漆玻璃

设计详解： 米色电视背景墙两侧饰以黑色镜面，与白色包边饰面板相得益彰，凸显了现代风格精致、简洁的美感；造型简洁的布艺沙发、清淡素雅的艺术地毯、色彩浓郁的装饰画等在暖色调地板的衬托下，营造出一个舒适又温馨的会客空间。

硅藻泥壁纸

设计详解： 米色皮革硬包选用棕黄色实木线进行边框修饰，再搭配同色调的硅藻泥壁纸，打造出一面典雅、别致的电视背景墙；米白色玻化砖铺装的地面，整洁、干净，增添了客厅空间的舒适度。

米白色玻化砖

雪弗板雕花贴银镜

洗白木纹墙砖

条纹壁纸

白枫木装饰线

雕花银镜

米色网纹无缝玻化砖

直纹斑马木饰面板

白色乳胶漆

有色乳胶漆

设计详解： 电视背景墙运用白色成品家具作为装饰，再通过一些书籍、工艺品的点缀，使墙面设计更丰富，更有层次感；浅灰色地毯与木质元素的加入有效增加了整个空间的舒适度。

混纺地毯

印花壁纸

无纹理硬包

木纹大理石

米白色人造大理石

实木地板

车边灰镜

黑胡桃木窗棂造型

设计详解： 黑色木质窗棂镂空造型的运用，奠定了客厅的中式风格基调，与家具的木质边框相同，体现了中式风格在设计上的整体感；花白山纹大理石的运用，一方面提升了空间的配色，另一方面丰富了电视背景墙的设计造型。

肌理壁纸

白枫木装饰线

设计详解： 客厅家具选用深棕色作为装饰颜色，体现了一定的厚重感，与白色、米色、蓝色等色彩相协调，展现出地中海风格浑厚、自然的特点。

洗白木纹砖

设计详解：木纹墙砖的纹理在灯光的衬托下，显得更清晰，更有层次感；胡桃木饰面板的运用，一方面丰富了电视背景墙的设计造型，另一方面提升了空间的色彩层次；线条优美的欧式家具则展现了欧式风格精致、奢华的品位。

云纹大理石

设计详解：电视背景墙运用一整块云纹大理石作为装饰，纹理清晰，色彩丰富，是整个客厅设计的最大亮点；线条简单的灰、黑色家具与浅色调的沙发背景墙形成鲜明的对比，营造出一个简洁、通透的现代风格空间。

浅灰白色网纹大理石

人造大理石

皮革硬包 ············

印花壁纸 ············

设计详解：背景墙边框与吊顶边框都采用了胡桃木线，加强了空间的联系；沙发背景墙的金色印花壁纸，在灯光的衬托下，彰显出中式风格特有的雍容华贵。

印花壁纸

水曲柳饰面板

装修课堂

如何布置客厅家具

　　客厅的家具应根据活动性和功能性来布置，其中最基本的设计包括茶几、一组供休息和谈话使用的座位以及相应的影音设备，其他家具和设备则可以根据空间的大小、复杂程度来布置。客厅家具的布置一般以长沙发为主，可以排成一字形、U字形或L字形等。同时还应考虑单个座位和多个座位的结合，以满足不同待客量的需求。客厅中还可以摆放多功能家具，存放多种多样的物品。不管采用什么样的布置方式，整个客厅的家具布置应该简洁大方，突出谈话中心，排除不必要的大件家具。

泰柚木饰面板

硅藻泥壁纸

深啡网纹大理石

印花壁纸

米黄大理石

中花白大理石

米黄洞石

仿古砖拼花

装饰灰镜

设计详解: 将装饰灰镜嵌入白色石膏板,既丰富了电视背景墙的造型,又提升了墙面配色层次;沙发背景墙壁纸的颜色与地毯相呼应,增强了客厅设计的整体感;浅色家具的融入营造了一个舒适、明亮的会客空间。

白枫木格栅

设计详解: 同色调的空间配色令整个客厅的设计更有整体感,再运用材质的变化来提升空间色彩的层次感;金色描边家具的运用使整个空间流露出欧式风格特有的奢华与精致。

木质搁板

设计详解： 将沙发背景墙设计成隔板造型，线条造型简单、配色基调舒适，完美地演绎了现代风格的装饰性与实用性；灰色调的壁纸与沙发相结合，增强了小客厅的凝聚感；蓝白相间的条纹地毯则为空间色彩层次的提升起到了不可忽视的作用。

茶色不锈钢条

印花壁纸

设计详解： 电视背景墙运用大量的不锈钢条进行装饰，为空间注入了现代风格的个性美；沙发背景墙的印花壁纸，很好地调节了大量不锈钢元素带来的冷意，也让小客厅显得更加温馨、别致。

白色玻化砖

米白色玻化砖

人造大理石

仿古砖拼花

车边银镜

实木踢脚线

设计详解：米黄色仿古砖与深色家具的搭配，凸显了美式风格空间的淳朴与自然；彩色小家具的运用则有效提升了空间的色彩层次，给沉稳的空间带来了一丝活跃的气息。

混纺地毯

仿古砖拼花

有色乳胶漆

彩色釉面砖

米色木纹墙砖

装饰银镜

车边银镜

密度板拓缝

肌理壁纸

设计详解： 电视背景墙的多宝阁设计，既丰富了墙面的造型设计，又有一定的收纳功能；沙发背景墙运用彩色手绘屏风作为装饰，成为整个客厅空间设计的亮点，精美的装饰图案丰富了整个空间的色彩。

印花壁纸

混纺地毯

装修课堂

如何选择客厅摆放的工艺品

客厅摆放的工艺品可分为两类：一类是实用工艺品；一类是欣赏工艺品。实用工艺品包括瓷器、陶器、搪瓷制品、竹编器皿等；欣赏工艺品的种类则更多，如挂画、雕品、盆景等。

客厅工艺品的主要作用是构成视觉中心、填补空间、调整构图，体现起居空间的特色情调。

配置工艺品时要遵循以下原则：少而精，符合构图章法，注意视觉效果，并与起居空间总体格调相统一，突出起居空间的主题意境。

灰镜装饰线

设计详解： 设计简洁明朗，以黑色为主调的家具搭配金属质感的配件，显示出冷峻的美感，地面几何纹理的地毯与布艺沙发起到了色彩上的平衡作用；电视背景墙的灰镜装饰线与顶面装饰线相呼应，增强了整体感。

印花壁纸

设计详解： 小客厅以简洁作为空间的主题，以柔和的色调作为空间的主色，搭配浅棕色的地板、家具与米色布艺沙发，温馨而亲切；空间的界面没有复杂和多余的造型变化，墙面和吊顶都是采用最简练的直线元素，通过色彩明快的工艺摆件的点缀，赋予空间时尚感。

白色陶质板岩砖

车边银镜

装饰灰镜

条纹壁纸

白枫木装饰线

印花壁纸

皮革软包

设计详解： 米色网纹大理石在灯光的衬托下，色泽温润，纹理清晰，与软包的颜色相呼应，营造出一个舒适的空间氛围；深色护墙板与地毯的加入，为整个浅色调的空间增添了一定的沉稳感，凸显了美式风格居室浑厚、精致的特点。

红樱桃木格栅

硅藻泥壁纸

中花白大理石

装饰灰镜

仿古艺术墙砖

印花壁纸

云纹人造大理石

设计详解：云纹人造大理石的纹理在灯光的照射下更加清晰，更有层次感，与木质窗棂一起装饰出一个十分别致的电视背景墙；颜色淡雅的地毯、抱枕等布艺软装的点缀为中式风格空间增添了一丝浪漫气息。

硅藻泥壁纸

设计详解：绿色的沙发背景墙在各色装饰画的点缀下，更有层次感；电视背景墙的手绘图案为整个客厅空间注入了清新、自然的味道；色彩浓郁的地毯与整个淡雅的空间配色形成鲜明的对比，展现出现代风格独有的时尚与个性。

人造大理石

艺术地毯

艺术地毯

有色乳胶漆

中花白大理石

车边银镜

设计详解： 卷草图案壁纸与镜面玻璃、大理石组合搭配，对比强烈的材质与协调的图案带来不一样的视觉感受；线条优美的木质家具与色彩华丽的布艺沙发，展现出现代欧式风格的简洁与华贵。

布艺软包

设计详解： 浅色布艺软包装饰的沙发背景墙，在以米色、白色为背景色的客厅中，显得十分别致，丰富了整个空间设计的视觉效果；壁纸、玻化砖、皮革沙发等元素在色调上为空间增添了整体感，营造出一个舒适、典雅的现代欧式风格会客区。

印花壁纸

米黄大理石

设计详解： 米黄色卷草图案壁纸搭配米黄色大理石、黄色地砖，展现出欧式风格的奢华与贵气；深色家具的运用则为整个空间带来了一定的沉稳感。

米色布纹砖

车边茶镜

装修课堂

如何选择客厅的布艺

　　客厅的布艺装饰包括窗帘、沙发坐垫、靠垫以及地毯、挂毯等。这些布艺装饰除了具有实用功能外，还可以增强客厅的艺术性，调节室内装饰方面的不足，发挥其材料的质感、色彩和纹理的表现力，烘托室内的艺术氛围。在进行布艺搭配时，应考虑与室内的环境相协调，要能体现室内环境的整体美。例如，窗帘的悬挂方式很多，应根据房间的实际情况和装饰上的要求进行选择。窗帘护罩在家装中已运用较多，可增添和谐感。一般选用装饰性较强的工艺羊毛地毯来点缀会谈区，以强化空间区域和情调。沙发靠垫不仅有实用功能，而且可对房间起到很好的装饰作用，其形状一般以方形为多，常用棉、麻、丝、化纤等面料加工，用提花织物或印花织物制作，也可拼贴图案造型。靠垫的色彩和图案必须与室内的整体气氛相协调。

白枫木窗棂造型隔断

文化砖

白色陶质板岩砖

有色乳胶漆

米色亚光墙砖

中花白大理石